Ernst Probst

Als Mainz im Meer lag

Ein Mekka der Urzeitforscher
an Rhein und Main

*Dem Naturhistorischen Museum Mainz gewidmet,
das mich bei zahlreichen Buchprojekten
großzügig mit Rat und Tat unterstützt hat.*

Impressum:
Als Mainz im Meer lag
Autor: Ernst Probst
Im See 11, 55246 Mainz-Kostheim
Telefon: 06134/21152
E-Mail: ernst.probst (at) gmx.de
Herstellung: Amazon Distribution GmbH, Leipzig
Alle Rechte vorbehalten
ISBN: 979-8-693-31056-8

Inhalt

Riesenlöwe (Panthera leo fossilis),
der im Eiszeitalter vor etwa 600.000 Jahren
in der Mainzer und Wiesbadener Gegend jagte.
Zeichnung: Shuhei Tamura, Kanagawa (Japan)

Vorwort

Die Gegend, die heute Mainz heißt, hat im Laufe der Erdgeschichte oft ihr Aussehen verändert. Mal lag diese Landschaft an der Meeresküste, mal auf einer Insel, mal im Meer, mal auf einer Halbinsel, mal in einer Halbwüste, mal auf dem Festland, mal im Urwald, mal in einer Meeresstraße. Der frühe Ur-Rhein floss mehr als 20 Kilometer westlich vom Mainzer Gefilde entfernt quer durch Rheinhessen, verlagerte sein Bett aber immer mehr nach Osten. Erst im frühen Eiszeitalter schloss sich der Ur-Main dem Rhein an. Vor über 600.000 Jahren existierte an Rhein und Main eine exotische Tierwelt mit Flusspferden, Elefanten, Nashörnern, Wildpferden, Riesenlöwen, Säbelzahnkatzen, Jaguaren, Geparden, Hyänen und Affen. Im Eiszeitalter erfolgte ein seltsamer Wechsel von klimatisch warmen Abschnitten wie in Afrika und grimmig kalten Phasen. Nach den Funden zu schließen, tauchten menschliche Jäger und Sammler erst spät im Mainzer Tierparadies auf.

Naturhistorisches Museum Mainz.
Foto: giggel / CC BY 3.0 (via Wikimedia Commons),
lizensiert unter Creative-Commons-Lizenz by-3.0,
https://creativecommons.org/licenses/by/3.0/legalcode

Als Mainz im Meer lag

Nur wenige Eingeweihte wissen, dass der Name der rheinland-pfälzischen Landeshauptstadt bei Urzeitforschern in aller Welt wohlvertraut ist. Diese Wissenschaftler schätzen die zahlreichen in der Gegend von Mainz entdeckten Funde aus grauer Vorzeit und sprechen mit großem Respekt von den Experten des Instituts für Geowissenschaften der Universität Mainz sowie des Naturhistorischen Museums Mainz und von dessen zum Teil einmaligen Ausstellungsstücken.

Die Bedeutung von Mainz für Geologen, welche die Entstehung, die Entwicklung und den Bau der Erde erforschen, sowie für Paläontologen, die sich mit den prähistorischen Lebewesen beschäftigen, kommt auch in Büchern über die Erdgeschichte von Deutschland zum Ausdruck. Darin taucht der Name Mainz so häufig auf, dass man die Stadt guten Gewissens als ein „Mekka der Urzeitforscher" bezeichnen kann.

Es dürfte auch für Laien äußerst reizvoll sein, sich einmal vor Augen führen zu lassen, wie sich das Antlitz der Landschaft und die Zusammensetzung der Pflanzen- und Tierwelt in der Mainzer Gegend innerhalb Hunderter von Millionen Jahren verändert haben. Denn dabei wird bald bewusst, dass selbst Meere, Flüsse, Gebirge und Vulkane – geologisch gesehen – kurzlebige Erscheinungen sein können. Und wenn man sich vergegenwärtigt, dass unsere Erde schon vor etwa viereinhalb Milliarden Jahren entstanden ist, wie unbedeutend erscheinen da jene vier Millionen Jahre innerhalb derer sich aus noch stark an Affen erinnernden Vorfahren die Menschen entwickelten.

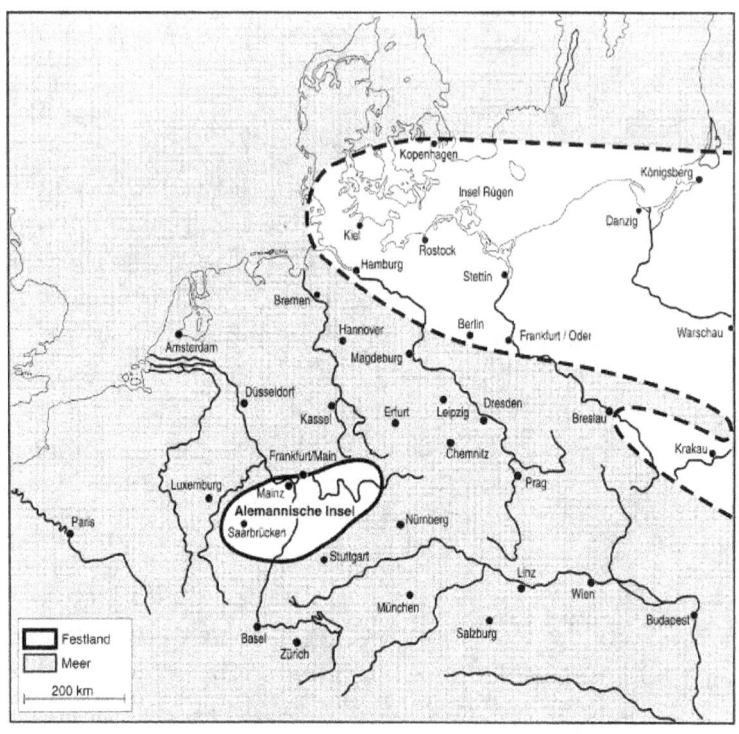

Mainz auf einer Insel im Ordovizium
vor etwa 420 Millionen Jahren.
Karte aus „Rekorde der Urzeit" (1993) von Ernst Probst,
Zeichnung: Rainer Veit

Aus der unvorstellbar langen Zeitspanne von viereinhalb Milliarden bis 530 Millionen Jahren liegen aus dem Mainzer Gebiet keine Funde vor. Damals, im sogenannten Präkambrium, war wohl Deutschland zu einem großen Teil von einem Meer bedeckt. Das zeigen die oft aus Meeresablagerungen bestehenden Gesteine jener Zeit. Diese spärlichen Funde erlauben es jedoch derzeit noch nicht, eine paläogeographische Karte anzufertigen, aus der die Verteilung von Land und Meer in Deutschland ersichtlich ist.

Aber schon für das Kambrium, die erdgeschichtliche Periode vor etwa 530 bis 495 Millionen Jahren, lassen sich die geographischen Verhältnisse – wenngleich mit Unsicherheiten behaftet – rekonstruieren. Damals dürfte Mainz zumindest zeitweise an der Küste jenes Meeres gelegen haben, das nördlich von Mainz und Nürnberg große Teile Deutschlands bedeckte. In diesem Meer lebten, nach den bisherigen Funden zu schließen, offenbar keine Fische. Auf dem Festland glich die Landschaft einer trostlosen Marswüste. Dort gab es wieder Gras noch Sträucher und Bäume – und erst recht keine Tiere.

Im Ordovizium vor etwa 495 bis 420 Millionen Jahren befand sich Mainz wiederum an der Meeresküste – nun allerdings auf dem Nordteil einer schätzungsweise 350 Kilometer langen und 150 Kilometer breiten Insel. Die übrigen Gebiete Deutschlands waren weitgehend vom Meer überflutet.

Die erwähnte Insel bestand auch noch im Silur vor etwa 420 bis 400 Millionen Jahren. Ihre Position im Meer hatte sich jedoch geändert. Jene Insel erstreckte sich nun etwa im Gebiet zwischen Düsseldorf und Koblenz. Mainz und Rheinhessen waren also Meeresgebiet.

Aber schon im Devon vor etwa 400 bis 360 Millionen Jahren lag Mainz wieder auf dem Trockenen, und zwar diesmal auf

Trilobit aus dem Hunsrückschiefer-Meer
aus dem Devon vor etwa 390 Millionen Jahren
im Naturhistorischen Museum Mainz.
Foto: Bodow / CC BY-SA 4.0 (via Wikimedia Commons),
lizensiert unter Creative-Commons-Lizenz by-sa-4.0-en,
https://creativecommons.org/licenses/by-sa/4.0/legalcode

der Nordseite einer Halbinsel, die sich bis nach Basel erstreckte. Die Gegend zwischen Mainz und Köln war zeitweise ein Meeresarm, in dem mehrere langgestreckte Inseln bestanden. Dieser Meeresarm in Nähe des damaligen Äquators beherbergte eine arten- und formenreiche tropische Tierwelt: beispielsweise Schlangen- und Seesterne, Seelilien, Seegurken und schwerfällige Panzerfische, die noch schlechte Schwimmer waren. Prächtige Funde solcher Tiere kann man im Fossilienmuseum Bundenbach im Hunsrück bewundern. Die Meeresküste im Hunsrück und vermutlich auch im Raum Mainz war vor etwa 390 Millionen Jahren der Lebensraum der ältesten Landpflanzen auf deutschem Boden. Bis dahin dürfte das Festland, mit Ausnahme von Algen und niederen Pilzen, unbewachsen gewesen sein.

Auch zu Beginn des Karbon, das vor etwa 360 Millionen Jahren anfing und vor rund 290 Millionen Jahren endete, befand sich Mainz auf einer Halbinsel. Allerdings reichte diese nun im Osten bis fast nach Berlin. Südlich davon lag ein schmaler Meeresarm, an den sich, etwa auf der Höhe von Basel, Stuttgart und Chemnitz, eine riesige Halbinsel anschloss. Nördlich der Halbinsel, auf der sich Mainz befand, erstreckte sich zunächst bis fast Kopenhagen das Meer, in dem einige kleinere Inseln lagen.

Allmählich drängten aber gebirgsbildende Kräfte das Meer in Deutschland immer weiter nach Norden zurück. Gegen Ende des Karbon blieb von dem ständig zusammenschrumpfenden Meeresbereich nur noch ein langgestrecktes, selten vom Meer überflutetes Sumpfgebiet übrig. Es verlief über Südschottland bis nach Oberschlesien. In diesem lagunären Bereich entstanden aus pflanzlichen Überresten mächtige Steinkohlenlager. Die Steinkohle im Saarland dagegen wurde zum Beispiel in festländischen Becken gebildet.

Insektenspuren aus der Rotliegendzeit
vor etwa 290 Millionen Jahren von Nierstein unweit von Mainz.
Original im Paläontologischen Museum Nierstein.
Foto: Sascha Kopp, Wiesbaden

Aus der Mainzer Gegend kennt man keine Pflanzen- und
Tierreste aus dem Karbon. Funde aus dem Saarland zeigen
aber, dass damals in Deutschland bis zu 30 Meter hohe
Schuppen- und Siegelbäume wuchsen und in den Sumpf-
wäldern nahezu zwei Meter lange tausendfüßerähnliche
Gliedertiere der Gattung *Arthropleura* vorkamen, die sich vom
weichen Holz abgestorbener, am Boden liegender Pflanzen
ernährten.

Dagegen: Über die Zustände in Rheinhessen weiß man viel
mehr aus dem ersten Abschnitt der nun folgenden Permzeit
vor etwa 290 bis 245 Millionen Jahren. Diese Epoche wird
nach den teilweise auffällig rotgefärbten Gesteinen als Rotliegendzeit bezeichnet. Ablagerungen aus jener Epoche
können wir heute beispielsweise bei Nierstein und Nackenheim und örtlich im Saar-Nahe-Gebiet beobachten.

Gar nicht weit von Mainz entfernt machte sich in der Rotliegendzeit das unruhige Innere unseres Planeten durch starken
Vulkanismus bemerkbar. Zeugen davon sind unter anderem
vulkanische Gesteine bei Frei-Laubersheim und Neubamberg
in Rheinhessen, sowie der mehr als 200 Meter hohe Rotenfels
und der Rheingrafenstein bei Bad Münster am Stein. Man darf
sich diese Vulkane jedoch nicht als Feuerberge wie den Vesuv
oder Ätna vorstellen. Es handelte sich vielmehr um gewaltige
flächenhafte Ergüsse von Magma, das aus bis zu 60 Kilo-
metern Tiefe der Erdkruste entgegendrang.

Was zur Rotliegendzeit vor annähernd 290 Millionen Jahren
in Rheinhessen kreuchte und fleuchte, dokumentieren die
Tierfährten aus den Randbereichen eines kleinen Sees, der
einst bei Nierstein in einer halbwüstenähnlichen Landschaft
existierte. Beim Gang vom oder zu diesem Gewässer hinter-
ließen Insekten und Saurier im weichen Schlamm ihre Spuren.
Zu den größten Saurierfußabdrücken zählen jene, die von

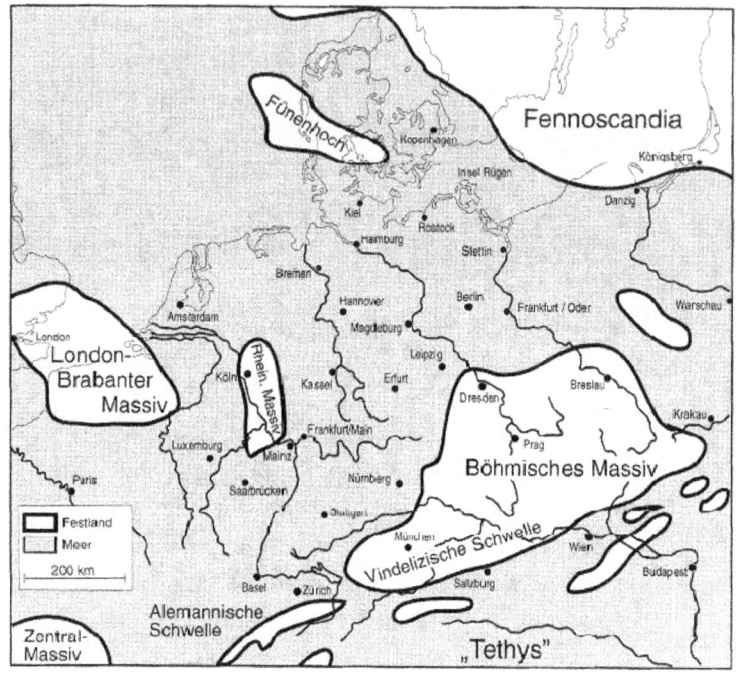

14

Mainz auf einer Insel
zu Beginn der Jurazeit vor etwa 200 Millionen Jahren.
Karte aus „Rekorde der Urzeit" (1993) von Ernst Probst,
Zeichnung: Rainer Veit

Ahnen der Dinosaurier und von Vorfahren der Säugetiere stammen. Aus der Zeit der Dinosaurier selbst, dem Erdmittelalter mit den Perioden Trias-, Jura- und Kreidezeit, liegen leider aus Rheinland-Pfalz keine aussagekräftigen Pflanzen- und Tierfunde vor, so dass sich auch über die damalige Umwelt im Raum Mainz nichts Genaues sagen lässt. Hier hift vielleicht manchmal ein Blick auf das Fundgut benachbarter Bundesländer.

Gegen Ende der Triaszeit, die von ungefähr 245 bis 205 Millionen Jahren dauerte, als in Württemberg mit den bis zu zehn Meter langen Plateosauriern die ersten Dinosaurier Deutschlands erschienen, lag Mainz vielleicht auf dem Festland. Auf diesem bleiben aber Reste von Tieren nur in Ausnahmefällen erhalten, dann nämlich, wenn sie bald nach dem Tod des Tieres von Ablagerungen bedeckt und so vor der zerstörenden Wirkung des Sauerstoffes bewahrt werden. Zu Beginn der Jurazeit (etwa 205 bis 130 Millionen Jahre) befand sich Mainz offenbar südlich einer kleinen Insel im Meer. Landlebende Tiere wie die Dinosaurier hatten hier kein Auskommen. Gegen Ende der Jurazeit jedoch lag die Mainzer Gegend inmitten einer viele hundert Kilometer langen Insel. Hier hätten es – zumindest theoretisch – auch Dinosaurier, Flugsaurier und Urvögel wie *Archaeopteryx* aushalten können. Auch während der Kreidezeit vor etwa 130 bis 65 Millionen Jahren ist Mainz auf paläogeographischen Karten im Zentrum einer riesigen Insel verzeichnet. Ob dort damals die vor schätzungsweise 100 Millionen Jahren in Nordrhein-Westfalen und Niedersachsen nachgewiesenen bis zu viereinhalb Meter hohen Dinosaurier der Gattung *Iguanodon* oder bis zu 20 Meter langen Dinosaurier der Gattung *Apatosaurus* vorkamen, ist ungewiss. Wie im übrigen Deutschland hat man übrigens auch

16

*Mainz auf einer Insel gegen Ende der Kreidezeit
vor mehr als 65 Millionen Jahren.
Karte aus „Rekorde der Urzeit" (1993) von Ernst Probst,
Zeichnung: Rainer Veit*

in Rheinland-Pfalz keine Dinosaurierreste aus der Zeit ihres weltweiten Aussterbens vor etwa 65 Millionen Jahren entdecken können.

Aus den frühen Epochen der Erdneuzeit, in denen sich nach dem Verschwinden der Dinosaurier, die Säugetiere geradezu explosionshaft entfalten konnten, kennt man aus dem Raum Mainz keine Funde. Doch die Experten nehmen an, dass in Rheinhessen im Eozän vor knapp 50 Millionen Jahren eine ähnliche Pflanzen- und Tierwelt existierte, wie sie durch Grabungen in der berühmten Grube Messel bei Darmstadt in Südhessen überliefert ist. In den damaligen Gewässern schwammen bis zu 70 Zentimeter lange räuberische Schlammfische und Knochenhechte. An deren Ufern sonnten sich verschiedene Arten von Krokodilen, das größte davon war bis zu vier Meter lang. In den Urwäldern jagte ein zwei Meter hoher Riesenlaufvogel namens *Diatryma*. Von den Ästen mancher Bäume hingen Riesenschlangen herab, und in den Kronen turnten flinke Halbaffen. Neben fuchsgroßen Urpferdchen gab es sogar Ameisenbären, Schuppentiere und auf zwei Beinen rennende Insektenfresser.

Zur Zeit der Messeler Tierwelt begannen im Süden des heutigen Oberrheingrabens spürbare Absenkungsbewegungen. Diese setzten sich allmählich nach Norden fort. Der Auftakt der Rheingrabenabsenkungen war von starkem Vulkanismus begleitet. Auch im Mainzer Becken brachen Vuolkane aus. Vulkanische Erscheinungen von damals kennt man vom Rochusberg bei Bingen, Sarmsheim bei Bingen-Büdesheim, Nierstein (Hohlweg Rehbacher Steig) und Hillesheim bei Gau-Odernheim.

Im Oligozän vor etwa 35 Millionen Jahren erreichte das vom Süden – aus dem Alpenraum – vordringende Meer in einer tiefen Rinne des verstärkt absinkenden Oberrheingrabens

Abbildungen auf den Seiten 18 und 19:

Tierwelt im Eozän vor etwa 50 Millionen Jahren.
Gemälde von Fritz Wendler (1941–1995)
aus „Deutschland in der Urzeit" (1986)
von Ernst Probst

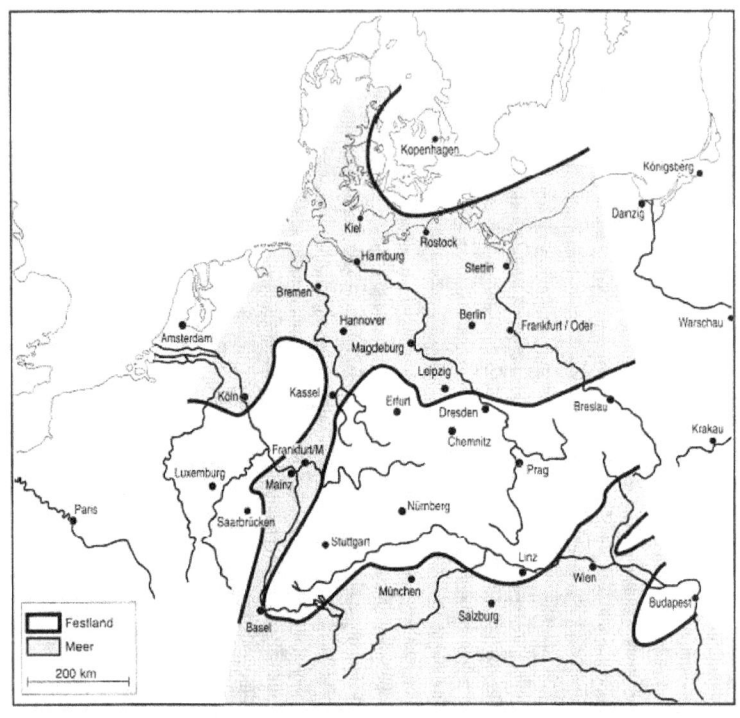

Mainz in einer Meeresstraße
im Oligozän vor etwa 30 Millionen Jahren.
Karte aus „Rekorde der Urzeit" (1993) von Ernst Probst,
Zeichnung: Rainer Veit

bereits die Gegend von Mainz. Im Norden erstreckte sich das Meer etwa bis Kassel. Nach einem kurzfristigen Rückzug der Meere im Nordseebecken und im Voralpenraum entwickelte sich durch einen Vorstoß aus dem Norden eine langgestreckte Meeresstraße. Sie verband vor etwa 30 Millionen Jahren das Nordmeer über die Wetterau-Senke und den rund 300 Kilometer langen und 30 Kilometer breiten Oberrheingraben mit dem Meer im heutigen Alpenvorraum. Am Nordende des Oberrheingrabens erstreckte sich zwischen Odenwald, Spessart, Taunus, Hunsrück und Pfälzer Bergland ein Binnenmeer mit der nahezu zehnfachen Größe des Bodensees. In dem Meer, vor allem seiner westlich ausgreifenden Bucht, dem Mainzer Becken, schwammen mehr als zehn Meter lange Haien, Rochen, Seekühe und zahlreiche Fische. Am Ufer lauerten Krokodile auf Beute. Dort gediehen Palmen, Lorbeergewächse und Zimtbäume.

Als eines der größten Raubtiere auf dem Festland gilt das wolfsgroße Ur-Raubtier *Apterodon*. In Sumpfgebieten des Mainzer Beckens fühlten sich damals nashorngroße Kohlentiere der Gattung *Anthracotherium* wohl. Ihr Name erinnert daran, dass ihre Skelettreste oft in Kohleschichten entdeckt wurden.

Die Meeresherrlichkeit im Mainzer Becken währte nur etliche Millionen Jahre. Die Nordsee stieß bald bald nur noch selten in das weitgehend vom Meer abgeschnittene, teilweise Süßwasser führende Mainzer Becken vor. Es folgte ein mehrfacher Wechsel von Rückzügen und Ausweitungen des lagunenartigen Sees und dessen Zerfall bis hin zum Austrocknen.

Das Vorkommen von Sumpfzypressen, Trompetenbäumen und Zypressen im Mainzer Becken zur Zeit des Miozän vor etwa 20 Millionen Jahren dokumentiert, dass damals ein

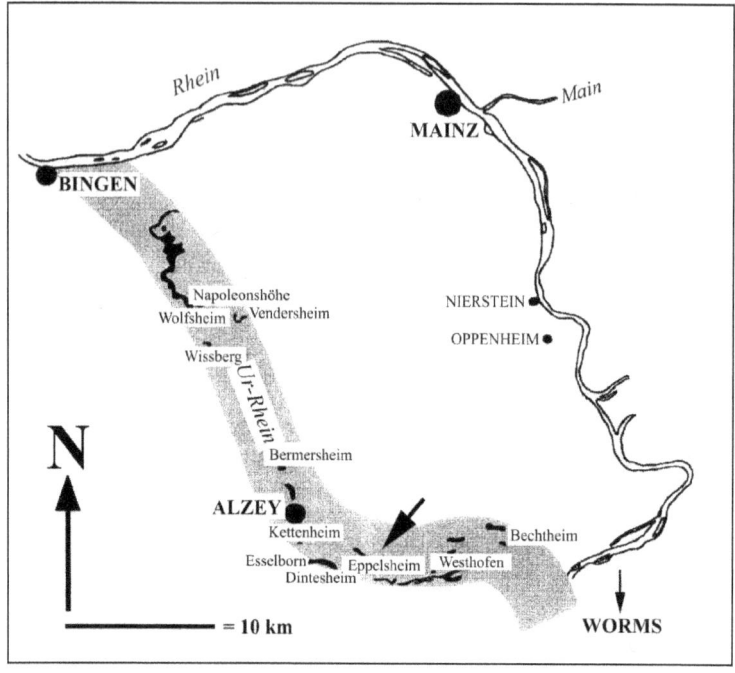

Rekonstruktion des Verlaufes des Ur-Rheins in Rheinhessen.
Zeichnung von Christine Hemm-Herkner
nach Vorlage von Jens Lorenz Franzen (1937–2018),
zum Teil nach Heinz Tobien 1981 und Joachim Bartz 1936

milderes Klima als heute herrschte. Bei Budenheim wurden
sogar Reste von Palmen entdeckt.
Auch die Tierwelt hatte noch exotisches Gepräge. An den
Gewässern des Mainzer Beckens lebten Krokodile, Flamingos,
Pelikane, hornlose Nashörner, Tapire, Wildschweine und
Hirschartige.
Als die gefährlichsten Raubtiere auf dem Festland werden
die Bärenhunde betrachtet. Dies waren Tiere, die sowohl
Bären als auch Hunden ähnelten. Die größten Formen er-
reichten eine Länge von fast zwei Metern. Eine charak-
teristische Säugetierfauna aus der Zeit vor etwa 20 Millionen
Jahren ist im Steinbruch von Mainz-Weisenau überliefert.
Unter anderem kamen dort Beuteltiere, Bärenhunde und
Schleichkatzen vor.
Ab etwa zehn Millionen Jahren ist der Ur-Rhein nachweisbar.
Er wurde offenbar von Quellen im Bereich des Kaiserstuhls
gespeist. Anders als der heutige Rhein strömte dieser Fluss
ab dem Raum Worms quer durch Rheinhessen über
Eppelsheim, Bermersheim, den Wißberg bei Gau-Weinheim
und den Steinberg (auch Napoleonshöhe genannt) bei
Sprendlingen auf die Binger Pforte zu. Oppenheim, Nierstein,
Nackenheim und Mainz lagen also nicht am mehr als 20
Kilometer westlich entfernten Ur-Rhein!
An den Ufern des frühen Ur-Rheins suchten die letzten
Menschenaffen Deutschlands nach Nahrung. Im aufge-
richteten Zustand waren sie bis zu 1,20 Meter groß. Diese
Menschenaffen mussten vermutlich vor Bärenhunden und
Säbelzahnkatzen (*Machairodus*) auf der Hut sein. Ein
Zeitgenosse dieser Tiere war das merkwürdige „Huftier"
Chalicotherium aus Rheinhessen, das anstelle von Hufen auf
Krallen lief. Das *Chalicotherium* hatte, wenn es sich auf-
richtete, die beachtliche Höhe von fast drei Metern. Es konnte

*Menschenaffe am Ur-Rhein
im Miozän vor etwa 10 Millionen Jahren.
Zeichnung von Pavel Major, Prag.
Mit freundlicher Genehmigung des Fördervereins
Dinotherium-Museum e. V. Eppelsheim*

Lebensbild des Krallentieres Chalicotherium,
das im Miozän vor etwa 10 Millionen Jahren
an den Ufern des Ur-Rheins lebte.
Zeichnung: Dmitry Bogdanov
aus Chelyabinsk (Russland)

*Rekonstruktion des Deinotherium giganteum
im Naturhistorischen Museum Mainz.
Foto: Bodow / CC BY-SA 4.0 (via Wikimedia Commons),
lizensiert unter Creative-Commons-Lizenz by-sa-4.0-en,
https://creativecommons.org/licenses/by-sa/4.0/legalcode*

mit der hakenförmigen Hand Äste von Laubbäumen herunterziehen und so in den höheren Regionen der Vegetation Blätter fressen. Außer den bereits genannten Tieren lebten am Ur-Rhein auch verschiedene Wildpferde, Tapire, Nashörner, Giraffenverwandte, Waldantilopen, Zwerghirsche und Rüsseltiere. Von letzteren ist vor allem das sogenannte „Schreckenstier" *Dinotherium giganteum* berühmt geworden, weil die ersten bruchstückhaften Funde dieses Rüsseltieres im vorigen Jahrhundert mehrfach fehlgedeutet wurden. Man verkannte die Fossilien unter anderem als Reste eines gigantischen Tapirs oder als Seekuh. Eine lebensgroße Rekonstruktion eines Dinotheriums ist im Naturhistorischen Museum Mainz zu bestaunen.

Mehr als sieben Millionen Jahre später als zu Lebzeiten der fremdartigen Tierwelt am Ur-Rhein begann das Eiszeitalter mit seinem seltsamen Wechsel von klimatisch warmen und grimmig kalten Abschnitten. Irgendwann im frühen Eiszeitalter verband sich der im Fichtelgebirge entspringende, ursprünglich nach Süden in die Donau mündende Oberlauf des Mains (auch Ur-Main oder Bamberger Main genannt) mit dem westwärts strömenden Aschaffenburger Main und gewann damit Anschluss an den Rhein.

Mächtige Ablagerungen des eiszeitlichen Mains, des Rheins und von Taunusbächen sind im Dyckerhoff-Steinbruch bei Mainz-Amöneburg zu beobachten. Dort wurden die dicken Sand- und Kiespakete dieser Flüsse und Bäche großflächig abgebaut, um an die darunterliegenden geologisch älteren Kalksteine zu gelangen, die man zur Zementherstellung benötigte. Die Sand- und Kiespakete werden als Mosbacher Sande oder Mosbach-Sande bezeichnet. Jene Namen erinnern an das einst zwischen Wiesbaden und Biebrich liegende Dorf

Abbildungen auf den Seiten 28 und 29:

Tierwelt im Eozän vor etwa 50 Millionen Jahren.
Gemälde von Fritz Wendler (1941–1995)
aus „Deutschland in der Urzeit" (1986)
von Ernst Probst

Blick auf die Mosbach-Sande im Jahre 2008.
Foto: Landesamt für Denkmalpflege Hessen,
Abteilung Archäologie und Paläontologie,
Schloss Biebrich, Wiesbaden

Mosbach, wo man schon 1845 in etwa zehn Metern Tiefe erste eiszeitliche Großsäugerreste entdeckte.

Es ist ein Glücksfall für die Urzeitforscher, dass die Mosbacher Sande zahlreiche Skelettreste von Tieren aus einer ausgehenden Warmzeit und einer heraufziehenden Kaltzeit des Eiszeitalters enthalten, die mehr als eine halbe Million Jahre alt sind. Aufgrund dieser Funde weiß man, dass in der Gegend von Biebrich, Mainz-Amöneburg und Mainz-Kastel einst Säbelzahnkatzen, Jaguare, Löwen, Geparde, Hyänen und Wölfe jagten.

Die Riesenlöwen (*Panthera leo fossilis*) der damaligen Zeit gelten mit einer Gesamtlänge von 3,60 Metern von der Schnauze bis zur Schwanzspitze als die größten Löwen Europas! Noch etwas größer waren nur die Amerikanischen Höhlenlöwen (*Panthera leo atrox*) mit dem Rekordmaß von 3,70 Metern, wovon 1,20 Meter auf den Schwanz entfielen. Seltene Funde von Affen und Flusspferden belegen ein günstiges Klima zu Lebzeiten dieser Tiere. Nach den Funden zu schließen, gab es damals offenbar viele Elefanten, Nashörner, Wisente, Wildpferde und Hirsche. Mehr als 25.000 Fossilien aus den Mosbacher Sanden befinden sich im Naturhistorischen Museum Mainz.

Fragwürdig sind vermeintlich dolchförmig zugespitzte Wildpferdknochen vom Fundort Mainz-Amöneburg. Zeitweise glaubte man, diese belegten die Anwesenheit aufrecht gehender Frühmenschen wie des durch einen Unterkieferfund von Mauer bei Heidelberg belegten Heidelberg-Menschen aus der Altsteinzeit vor mehr als 600.000 Jahren. Dieser Vorfahre jagte bereits mit Stoßlanzen Elefanten und anderes Großwild. Ein in Ingelheim entdeckter Faustkeil aus der Zeit der Neandertaler beweist, dass dieser Altmensch vor mehr als 50.000 Jahren in der Nähe von Mainz lebte.

Lebensbild der Säbelzahnkatze Homotherium,
die durch Funde aus den Mosbach-Sanden
bei Mainz-Amöneburg nachgewiesen ist.
Zeichnung: Shuhei Tamura, Kanagaw (Japan)

Lebensbilder des Europäischen Jaguars (oben)
und des Geparden (unten),
die durch Funde aus den Mosbach-Sanden
bei Mainz-Amöneburg nachgewiesen sind
Zeichnungen: Shuhei Tamura, Kanagawa (Japan)

Umstrittene dolchförmig zugespitzte Wildpferdknochen aus Mainz-Amöneburg. Foto: Naturhistorisches Museum Mainz

Schätzungsweise 25.000 Jahre alte Venus von Mainz-Linsenberg.
Original im Landesmuseum Mainz. Foto: Landesmuseum Mainz

Frühe Bauern in der Jungsteinzeit vor mehr als 7.000 Jahren.
Gemälde von Fritz Wendler (1941–1995)
für das Buch „Deutschland in der Steinzeit" (1986)
von Ernst Probst

Dass sich auch eiszeitliche Jäger vom Typ des heutigen Menschen vor ungefähr 25.000 Jahren mitten im Stadtgebiet von Mainz aufhielten, zeigen die 1921 auf dem Linsenberg unterhalb der Universitätskliniken geborgenen Steinwerkzeuge, Feuerspuren und Jagdbeutereste von Mammut, Rentier und Wildpferd. Die damals ebenfalls auf dem Linsenberg entdeckten rund dreieinhalb Zentimeter großen Bruchstücke von aus Stein hergestellten Frauenfiguren gelten sogar als die ältesten Belege eiszeitlicher Kunst im Rheinland.

Die wertvollen Funde vom Linsenberg sind im Landesmuseum Mainz ausgestellt. Andere Objekte aus diesem Museum belegen, dass Mainz auch später in der Jungsteinzeit sowie in der Bronze- und Vorrömischen Eisenzeit, besiedelt war. Hier haben offenbar die Menschen schon immer gerne gelebt.

Literatur

FRANZEN, Jens Lorenz / ROOS, Heiner / PROBST, Ernst: Das Dinotherium-Museum in Eppelsheim, Eppelsheim 2009

PROBST: Ernst: Zeugen der Urzeit im Museum. Ausflug in die Erdgeschichte von Rheinland-Pfalz. Museumsführer Nr. 9, Naturhistorisches Museum Mainz

PROBST, Ernst: Deutschland in der Urzeit. Von der Entstehung des Lebens bis zum Ende der Eiszeit, München 1986

PROBST, Ernst: Deutschland in der Steinzeit. Jäger, Fischer und Bauern zwischen Nordseeküste und Alpenraum, München 1991

PROBST, Ernst: Rekorde der Urzeit, München 1993

PROBST&; Ernst: Deutschland in der Bronzezeit. Bauern, Bronzegießer und Burgherren zwischen Nordsee und Alpen, München 1996

PROBST, Ernst: Der Ur-Rhein. Rheinhessen vor zehn Millionen Jahren , München 2009

PROBST, Ernst: Säbelzahnkatzen, München 2009

PROBST, Ernst: Der Mosbacher Löwe. Die riesige Raubkatze aus Wiesbaden, München 2010

PROBST, Ernst: Der Rhein-Elefant Das Schreckenstier von Eppelsheim, München 2010

PROBST, Ernst: Dinosaurier von A bis K, München 2010

PROBST, Ernst: Dinosaurier von L bis Z, München 2010

PROBST, Ernst: Säbelzahntiger am Ur-Rhein, München 2010

PROBST, Ernst: Eiszeitliche Raubkatzen in Deutschland. Mit Zeichnungen von Shuhei Tamura, München 2011

PROBST, Ernst: Johann Jakob Kaup. Der große Naturforscher aus Darmstadt, München 2011

PROBST, Ernst: Krallentiere am Ur-Rhein, München 2011
PROBST, Ernst: Menschenaffen am Ur-Rhein, München 2011
PROBST, Ernst: Hermann von Meyer. Der große Naturforscher aus Frankfurt am Main, Leipzig 2019
PROBST, Ernst: Raubdinosaurier in Bayern. Von Archaeopteryx bis Sciurumimus, Leipzig 2019
PROBST, Ernst: Wiesbaden in der Steinzeit. Von Eiszeit-Jägern bis zu frühen Bauern, Leipzig 2019

Autor Ernst Probst,
Foto: Klaus Benz, Mainz-Laubenheim

Der Autor

Ernst Probst, geboren am 20. Januar 1946 in Neunburg vorm Wald im bayerischen Regierungsbezirk Oberpfalz, ist Journalist und Wissenschaftsautor. Er arbeitete von 1968 bis 1971 bei den „Nürnberger Nachrichten", von 1971 bis 1973 in der Zentralredaktion des „Ring Nordbayerischer Tageszeitungen" in Bayreuth und von 1973 bis 2001 bei der „Allgemeinen Zeitung", Mainz. In seiner Freizeit schrieb er Artikel für die „Frankfurter Allgemeine Zeitung", „Süddeutsche Zeitung", „Die Welt", „Frankfurter Rundschau", „Neue Zürcher Zeitung", „Tages-Anzeiger", Zürich, „Salzburger Nachrichten", „Die Zeit", „Rheinischer Merkur", „Deutsches Allgemeines Sonntagsblatt", „bild der wissenschaft", „kosmos", „Deutsche Presse-Agentur" (dpa), „Associated Press" (AP) und den „Deutschen Forschungsdienst" (df). Aus seiner Feder stammen die Bücher „Deutschland in der Urzeit" (1986), „Deutschland in der Steinzeit" (1991), „Rekorde der Urzeit" (1992), „Dinosaurier in Deutschland" (1993 zusammen mit Raymund Windolf) und „Deutschland in der Bronzezeit" (1996). Von 2001 bis 2006 betätigte sich Ernst Probst als Buchverleger sowie zeitweise als internationaler Fossilienhändler und Antiquitätenhändler. Insgesamt veröffentlichte er mehr als 300 Bücher, Taschenbücher, Broschüren und über 300 E-Books.

Bücher von Ernst Probst

(Auswahl)

Als Mainz noch nicht am Rhein lag
Archaeopteryx. Die Urvögel in Bayern
Christl-Marie Schultes. Die erste Fliegerin in Bayern
(zusammen mit Theo Lederer)
Der Europäische Jaguar
Der Mosbacher Löwe. Die riesige Raubkatze aus
Wiesbaden
Der Rhein-Elefant. Das Schreckenstier von Eppelsheim
Der Schwarze Peter. Ein Räuber im Hunsrück und
Odenwald
Der Ur-Rhein. Rheinhessen vor zehn Millionen Jahren
Deutschland im Eiszeitalter
Deutschland in der Frühbronzezeit
Deutschland in der Mittelbronzezeit
Deutschland in der Spätbronzezeit
Die Aunjetitzer Kultur in Deutschland
Die Straubinger Kultur in Deutschland
Die Singener Gruppe
Die Arbon-Kultur in Deutschland
Die Ries-Gruppe und die Neckar-Gruppe
Die Adlerberg-Kultur
Der Sögel-Wohlde-Kreis
Die nordische Bronzezeit in Deutschland
Die Hügelgräber-Kultur in Deutschland
Die ältere Bronzezeit in Nordrhein-Westfalen
Die Bronzezeit in der Lüneburger Heide
Die Stader Gruppe

Königinnen der Lüfte in Europa
Königinnen der Lüfte in Frankreich
Königinnen der Lüfte in England und Australien
Königinnen der Lüfte in Amerika
Königinnen der Lüfte von A bis Z
Königinnen des Tanzes
Malende Superfrauen
Meine Worte sind wie die Sterne Die Entstehung der Rede
des Häuptlings Seattle (zusammen mit Sonja Probst,
verheiratete Werner)
Monstern auf der Spur. Wie die Sagen über Drachen,
Riesen und Einhörner entstanden
Neues vom Ur-Rhein. Interview mit dem Geologen und
Paläontologen Dr. Jens Sommer
Österreich in der Frühbronzezeit
Österreich in der Mittelbronzezeit
Österreich in der Spätbronzezeit
Pompadour und Dubarry. Die Mätressen von Louis XV.
Raub-Dinosaurier von A bis Z. Mit Zeichnungen von
Dmitry Bogdanav und Nobu Tamura
Rekorde der Urmenschen. Erfindungen, Kunst und
Religion
Rekorde der Urzeit. Landschaften, Pflanzen und Tiere
Säbelzahnkatzen. Von Machairodus bis zu Smilodon
Säbelzahntiger am Ur-Rhein. Machairodus und
Paramachairodus
Superfrauen aus dem Wilden Westen
Superfrauen 1 – Geschichte
Superfrauen 2 – Religion
Superfrauen 3 – Politik
Superfrauen 4 – Wirtschaft und Verkehr
Superfrauen 5 – Wissenschaft

Superfrauen 6 – Medizin
Superfrauen 7 – Film und Theater
Superfrauen 8 – Literatur
Superfrauen 9 – Malerei und Fotografie
Superfrauen 10 – Musik und Tanz
Superfrauen 11 – Feminismus und Familie
Superfrauen 12 – Sport
Superfrauen 13 – Mode und Kosmetik
Superfrauen 14 – Medien und Astrologie
Tony und Bruno Werntgen. Zwei Leben für die Luftfahrt
(zusammen mit Paul Wirtz)
Was ist ein Menhir? Interview mit dem Mainzer
Archäologen Dr. Detert Zylmann
Wer ist der kleinste Dinosaurier? Interviews mit dem
Wissenschaftsautor Ernst Probst
Wer war der Stammvater der Insekten? Interview
mit dem Stuttgarter Biologen und Paläontologen
Dr. Günther Bechly
Kastel in der Vorzeit. Von der Jungsteinzeit bis Christi
Geburt
Kostheim in der Vorzeit. Von der Jungsteinzeit bis Christi
Geburt
Wiesbaden in der Steinzeit. Von Eiszeit-Jägern bis zu
frühen Bauern
Die Altsteinzeit. Eine Periode der Steinzeit in Europa vor
etwa 1.000.000 bis 10.000 Jahren
Das Protoacheuléen. Eine Kulturstufe der Altsteinzeit vor
etwa 1,2 Millionen bis 600.000 Jahren
Das Altacheuléen. Eine Kulturstufe der Altsteinzeit vor
etwa 600.000 bis 350.000 Jahren
Das Jungacheuléen. Eine Kulturstufe der Altsteinzeit vor
etwa 350.000 bis 150.000 Jahren

Österreich in der Altsteinzeit. Jäger und Sammler vor
250.000 bis 10.000 Jahren
Das Protoacheuléen. Eine Kulturstufe der Altsteinzeit vor
etwa 1,2 Millionen bis 600.000 Jahren
Das Altacheuléen. Eine Kulturstufe der Altsteinzeit vor
etwa 600.000 bis 350.000 Jahren
Das Moustérien. Die große Zeit der Neanderthaler
Das Aurignacien. Eine Kulturstufe der Altsteinzeit vor
etwa 35.000 bis 29.000 Jahren
Das Gravettien. Eine Kulturstufe der Altsteinzeit vor etwa
28.000 bis 21.000 Jahren
Das Magdalénien. Die Blütezeit der Rentierjäger vor etwa
15.000 bis 11.500 Jahren
Die Federmesser-Gruppe. Eine Kulturstufe der Altsteinzeit
vor etwa 12.000 bis 10.700 Jahren
Die Mittelsteinzeit. Jäger, Fischer und Sammler vor etwa
8.000 bis 5.000 v. Chr.
Die Mittelsteinzeit in Baden-Württemberg
Die Mittelsteinzeit in Bayern
Die Mittelsteinzeit in Nordrhein-Westfalen
Die Mittelsteinzeit in Schleswig-Holstein, Mecklenburg
und im nördlichen Brandenburg
Die Jungsteinzeit. Eine Periode der Steinzeit vor etwa
5.500 bis 2.300 v. Chr.
Die ersten Bauern in Deutschland. Die
Linienbandkeramische Kultur (5.500 bis 4.900 v. Chr.)
Die Stichbandkeramik. Eine Kultur der Jungsteinzeit vor
etwa 4.900 bis 4.500 v. Chr.
Die Oberlauterbacher Gruppe: Eine Kulturstufe der
Jungsteinzeit vor etwa 4.900 bis 4.500 Chr.
Die Hinkelstein-Gruppe. Eine Kulturstufe der
Jungsteinzeit vor etwa 4.900 bis 4.800 v. Chr.

Die Ertebölle-Ellerbek-Kultur. Eine Kultur der
Jungsteinzeit vor etwa 5.000 bis 4.300 v. Chr.
Die Rössener Kultur. Eine Kultur der Jungsteinzeit vor
etwa 4.600 bis 4.300 v. Chr.
Pfahlbauten in Süddeutschland. Dörfer der Jungsteinzeit
und Bronzezeit an Seen, Mooren und Flüssen
Die Michelsberger Kultur. Eine Kultur der Jungsteinzeit
vor etwa 4.300 bis 3.500 v. Chr.
Das Rätsel der Großsteingräber. Die nordwestdeutsche
Trichterbecher-Kultur
Die Baalberger Kultur. Eine Kultur der Jungsteinzeit vor
etwa 4.300 bis 3.700 v. Chr.
Die Salzmünder Kultur. Eine Kultur der Jungsteinzeit vor
etwa 3.700 is 3.200 v. Chr.
Die Chamer Gruppe. Eine Kultur der Jungsteinzeit vor
etwa 3.500 bis 2.700 v. Chr.
Die Wartberg-Kultur. Eine Kultur der Jungsteinzeit vor
etwa 3.500 bis 2.800 v. Chr.
Die Walternienburg-Bernburger Kultur. Eine Kultur der
Jungsteinzeit vor etwa 3.200 bis 2.800 v. Chr.
Die Kugelamphoren-Kultur. Eine Kultur der Jungsteinzeit
vor etwa 3.100 bis 2.700 v. Chr.
Die Schnurkeramischen Kulturen. Kulturen der
Jungsteinzeit vor etwa 2.800 bis 2.400 v. Chr.)
Die Glockenbecher-Kultur. Eine Kultur der Jungsteinzeit
vor etwa 2.500 bis 2.200 v. Chr.